跟欧阳医生学
儿童自救急救

容易受伤的骨头

欧阳过 / 主编　　文爱珍 / 审定

黑龙江科学技术出版社
HEILONGJIANG SCIENCE AND TECHNOLOGY PRESS

这天，皮皮和小伙伴们在一起踢足球，大家都踢得很兴奋。

可是在皮皮抢球时不小心绊倒了小伙伴笑笑，笑笑摔倒在地，顿时痛得哇哇大哭！

看着笑笑倒在地上痛苦的表情，皮皮很紧张、很自责，竟然也跟着哭了起来。

幸好，皮皮的爸爸欧阳医生也在场边，赶忙上前查看。

"笑笑可能是肘关节脱位了，需要赶紧送到医院复位和打石膏固定。"爸爸边说边用自己的衣服把笑笑的上肢做了初步包扎固定，并把他送到了医院。

由于处理及时，笑笑很快就会康
复。看到笑笑没事，皮皮心中的石头
终于放了下来。

皮皮好奇地问爸爸："为什么有的人受伤后会流血，有些人受伤后不出血呢？"

"外伤有很多种类型，有的是开放性创伤，由于损伤了最外面的皮肤组织，我们可以看到伤口流血。

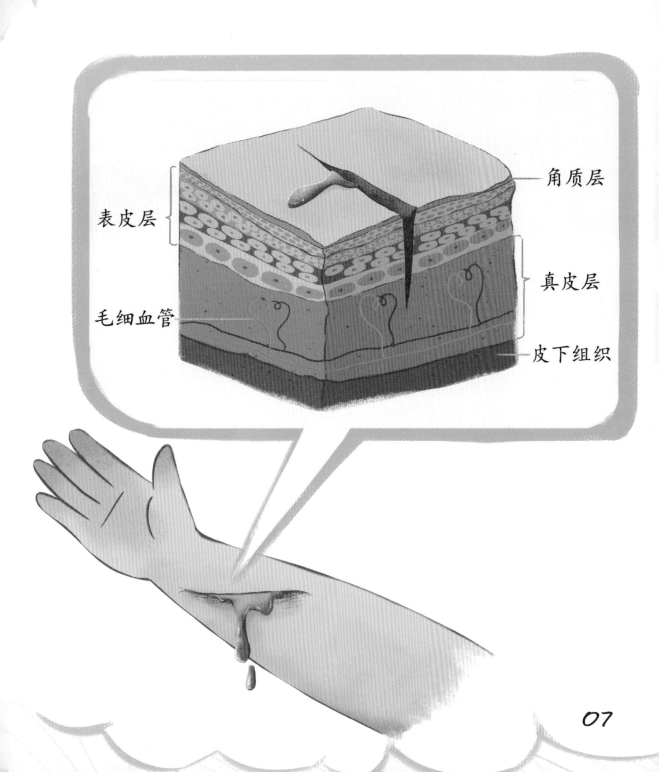

角质层

表皮层

真皮层

毛细血管

皮下组织

软组织损伤

08

"有的不是开放性的创伤，虽然我们肉眼看不到出血，但里面可能已经有骨折、关节脱位或软组织损伤，我们也应该重视起来。"

骨折

关节脱位

"那什么是骨折、关节脱位或软组织损伤呢？"

"骨折就是骨头在外力作用下，超过了自己的强度，破坏了骨头的连续性和完整性，就像一根树枝，你用力时可以折断。

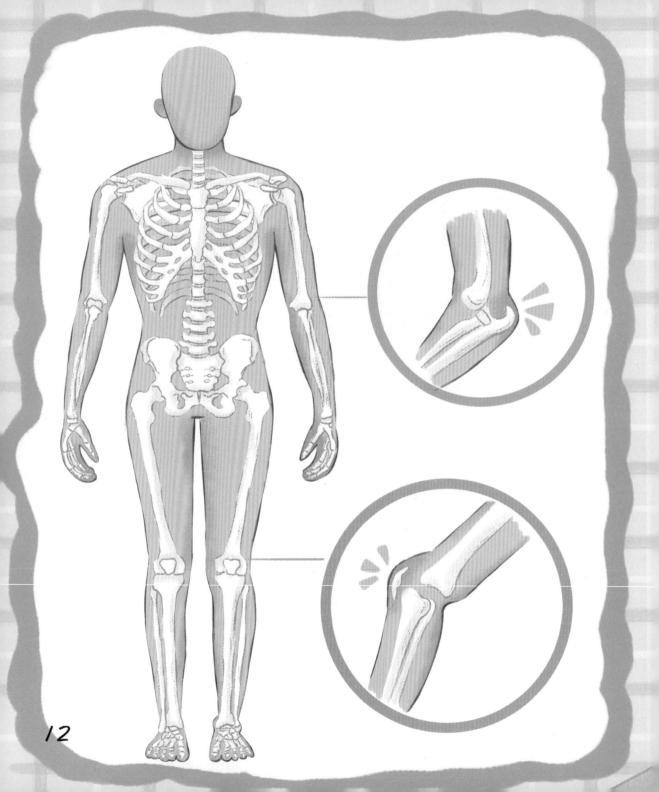

"我们身体里相邻的骨头是以关节的形式相连接的，就像我们用的笔和笔帽，可以很好地对合在一起。当受到外力，骨头之间失去了正常的对合关系，就叫关节脱位。就像我们可以用力把笔和笔帽分开一样。

13

14

"软组织是指我们人体的皮肤、肌肉、筋膜、韧带等。软组织损伤就是人体受到外力，造成这些组织的损伤。"

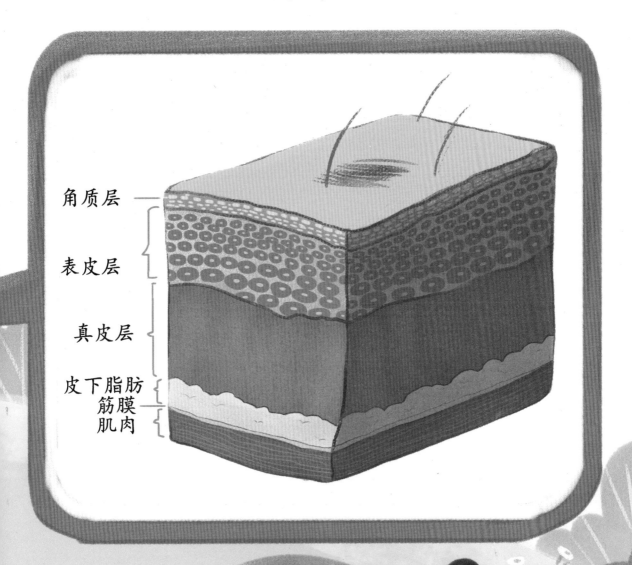

角质层

表皮层

真皮层

皮下脂肪
筋膜
肌肉

"那骨折、关节脱位或软组织损伤后应该会很痛吧？有什么症状呢？"

"当然会痛啦，通常会出现疼痛、肿胀、功能障碍，比如不能行走、站立、握持、屈伸等。"

16

17

"好可怕呀！那当我们碰到外伤时该怎么办呢？今天看到笑笑受伤我都不知所措了。"

"外伤是小朋友最常见的创伤，碰到外伤时，我们要冷静，千万不要慌张。首先判断是哪种外伤，是开放性外伤还是闭合性外伤。

"如果是开放性外伤，有皮肤组织损伤出血，我们要进行包扎止血：用无菌的纱布或敷料覆盖伤口。

"要是伤口比较深、比较大，那还应该用纱布或敷料填充，再用绑带包扎止血。

　　"如果是闭合性外伤，48小时内我们可以先进行冷敷，用毛巾包着冰块冷敷10分钟左右。

　　"接着进行包扎固定，可以用毛巾、衣物进行临时固定，防止受伤部位的活动，然后赶紧转运至附近医院就诊。"

25

"既然外伤这么常见，我的好爸爸，赶紧教教我怎么预防吧！"

26

"外伤很多时候是不可避免的，我们只能平时小心，减少它的发生。

"首先，运动是小朋友发生外伤最常见的方式。我们运动前一定要做好热身，运动时要循序渐进。

27

"其次，意外也是小朋友发生外伤常见的方式。外出时，一定要遵守交通规则，小心看路，千万不要在马路上追逐打闹。

"生活中要加强安全意识，不要攀高，不要玩刀具等尖锐物品。

"发生外伤后一定要科学调护，有些家长容易进入调护误区，以下几点误区要避免哪！

"**误区一**，受伤后过早进行热敷。闭合性外伤48小时内宜冷敷，48小时后再热敷，过早热敷可能会扩张血管、加重出血肿胀。

"**误区二**，外伤后随意活动。受到外伤后，首先应该固定制动，避免加重局部损伤。

　　"**误区三**，外伤后期不活动。如果骨折、关节脱位已经进行复位、固定，到了后期应该逐步开始活动关节，促进功能恢复。

"**误区四**，所有伤口都用创可贴。很多家长，只要有伤口就用创可贴，这是错误的。创可贴主要适用于小而浅的清洁伤口。如果是动物咬伤、锈铁刺伤，且伤口较深、已经污染，甚至化脓感染等，都不宜使用创可贴。"

总的来说记住以下口诀：

受伤之后宜冷敷，两天之后再热敷；

伤后固定不乱动，避免加重局部伤；

外伤后期可活动，关节功能好恢复；

伤口较深或污染，慎用万能创可贴！

创可贴的正确使用方法

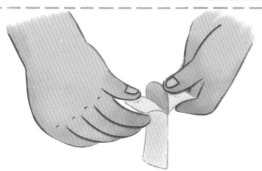

撕掉创可贴外包装

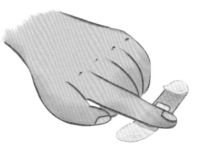

撕掉一边的纸，消毒纱布对准伤口

贴上后，再撕另外一边纸

完成

"爸爸，你真棒，今天还好有你在，不然我都不知道怎么办。"

"谢谢你的夸奖，我的小小皮医生，今天虽然是户外的一天，但是你又解锁了新技能。心情是不是有所好转哪？"

"当然啦，爸爸，你是我的榜样！我爱你！"

小鼻子，大学问

欧阳过 / 主编　　文爱珍 / 审定

黑龙江科学技术出版社
HEILONGJIANG SCIENCE AND TECHNOLOGY PRESS

皮皮的爸爸欧阳医生是一位很棒的急诊室医生！有多棒呢？

每次跟同学谈起自己的爸爸时，皮皮总是觉得很自豪。

因为爸爸掌握各种救人的本领，总是能在病人发生意外或急病的时候对病人进行紧急救治！

所以在皮皮眼里，爸爸就是自己的"超级偶像"。

03

"爸爸，你知道我长大后的愿望是什么吗？就是跟你一样当一位能救死扶伤的医生！"

"很棒的愿望啊！那等你放暑

04

假，就跟我去急诊室实习学本领吧，见识一下各种生活中常见的急症，掌握一些基础的急救方法，这种感觉会很棒啊。"

"好耶好耶！太棒了，可以跟爸爸学本领了，开心开心，给爸爸点个赞！"

05

期盼已久的暑假终于到了，今天是实习的第一天，皮皮穿上小白大褂，安安静静地坐在爸爸旁边，有点兴奋，也有点紧张。

爸爸看出他的不安并说道："保持冷静的心态是你今天的第一课，因为作为一名急救医生，心理素质需要特别强大，不管碰到什么紧急状况都要学会冷静理智地去面对和处理。"

"欧阳医生，快帮我看看我的孩子豆豆，他鼻子流血不止，该怎么办呀？"

08

这时，只见一位和皮皮差不多大的小朋友被爸爸妈妈带来急诊室。

09

"爸爸，他这是怎么了？怎么鼻子里会流出血呢？"

皮皮第一次见到这种情况，他有点害怕。

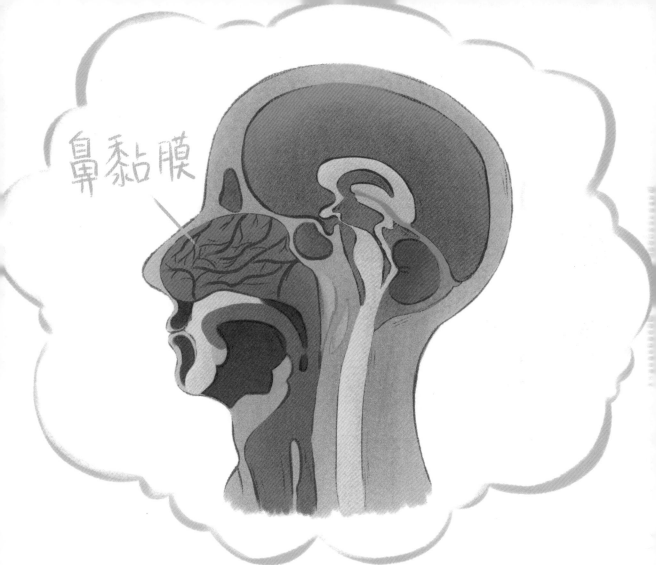

　　"我们的鼻子就像两个小房间，房子里面有一层含有很多小血管的鼻黏膜。当鼻黏膜受到损伤时就会出血，出血量少的可能只是鼻涕里有点血丝，严重的可能就会鼻子不停地流血。"

皮皮只见爸爸用手捏住小朋友的鼻翼，然后对家长说道："鼻出血是小朋友最常见的急症，平常碰到鼻出血先别紧张，首先是要止血，再找原因，最简单的方法是推挤或者捏住鼻翼10~15分钟，使鼻子的中隔受到压力，这样可以减少或制止出血。

"然后用冷毛巾或者用毛巾包住冰块，冷敷在前额和后颈部，这样做可以促进血管的收缩，防止出血。

16

注意事项：

　　用冰块冷敷时一定要用毛巾包裹，而且时间不宜过长，一次5分钟左右，以免冻伤皮肤。

"如果鼻出血还没有停止，我们也可以用填塞止血法：用棉球塞入鼻腔，压迫鼻黏膜止血。

注意事项：

　　填塞棉球时不宜过深，一般在鼻腔的前半段，以免棉球难以取出。

19

"如果用以上方法止住了鼻出血，那在家观察就可以了。但是如果小朋友鼻出血不止或反复鼻出血，一定要及时到医院就诊。"

22

在爸爸的治疗下，豆豆的鼻出血很快就止住了。豆豆很好奇地问道："医生，请问我的鼻子为什么会流血呢？"

皮皮见爸爸在耐心地回答豆豆："引起鼻出血的原因有很多，比如鼻黏膜太干燥了，鼻黏膜有炎症，鼻中隔偏曲或者外伤以及发热等都可能引起鼻黏膜损伤，导致鼻出血。

鼻干燥　　　　　　鼻炎

鼻中隔偏曲

发热

"不过呀，一定要记住鼻出血时千万不要慌张，避免用所谓的'三个老方法'。"

"什么是'三个老方法'呀？"豆豆问道。

"**老方法一**：鼻出血时抬头后仰，这是很多家长很容易犯的错误，这样做虽然鼻血不会从前面流出，但血液会流到鼻腔后方，容易堵塞气管，轻则引起咳嗽，重则引起呼吸困难，甚至窒息。

27

28

"**老方法二**：鼻出血时用手指、卫生纸填塞。这样做也是错误的，如果填塞物不清洁，会含有病菌，容易导致鼻腔感染。

29

"**老方法三**：鼻出血时，吞咽鼻咽部的血液。这样子做的话，血液进入食管和胃里，会刺激胃肠引起呕吐，加重鼻出血。"

30

大家听完欧阳医生的话之后都恍然大悟，原来鼻出血不好好处理的话，会有这么大的危险！

豆豆急忙追问道："医生，那请问我们平常应该怎么预防鼻出血呢？"

32

欧阳医生笑着回答说："学会正确处理鼻出血很重要，但是预防更重要哇，记住这几个口诀，让自己身体棒棒，远离鼻出血！"

清淡饮食少油腻，
不吃辣食大便通。

挖鼻不是好习惯，
损伤黏膜易出血。

手指上有大病菌，
导致鼻腔易感染。

35

体育锻炼要加强，
增强体质身体好。

心情舒畅很重要，
避免急躁和大怒。

7

外出玩耍要防护，
避免碰伤鼻出血。

秋冬季节易干燥，空气湿度要适宜。

39

皮皮听完爸爸的口诀之后忍不住笑了，真是有成就感的一天，皮皮解锁了一项新技能——正确处理鼻出血。

皮皮湖边历险记

欧阳过 / 主编　　文爱珍 / 审定

黑龙江科学技术出版社
HEILONGJIANG SCIENCE AND TECHNOLOGY PRESS

周末，又到了一周一次的野外郊游，皮皮和爸爸正开心地玩耍着。

03

"救命！救命啊！……"
湖边突然传来了呼救声！

糟糕！一名小朋友不小心掉进了湖里，在水里扑腾几下后，眼看就要沉入湖里了。

　　"皮皮，听话，你站好别乱跑，爸爸去救人，马上回来！"

　　"爸爸！爸爸！小心！"皮皮的心慌得不行，着急地大声对爸爸喊着。

只听到扑通一声，皮皮爸爸跳入了湖里，皮皮的心也"怦怦"地跳得很厉害，他非常担心爸爸和小朋友的安全。

皮皮爸爸迅速游到落水小朋友旁边，把他救上岸来，可是小朋友已经没有了反应，旁边围观的人也越来越多，还有人赶紧拨通了 120 急救电话。

皮皮爸爸首先快速观察了小朋友的呼吸和脉搏，根据情况随即对小朋友进行了心肺复苏和控水。

小朋友慢慢地恢复了意识，这时 120 救护车也已经赶到了，爸爸和其他医生一起把小朋友送入了医院，进一步抢救后，小朋友终于平安了。

12

经过这一连串事情，皮皮吓坏了，扑到爸爸怀里，紧紧地抱住爸爸问道："爸爸，这是怎么回事？我好害怕！"

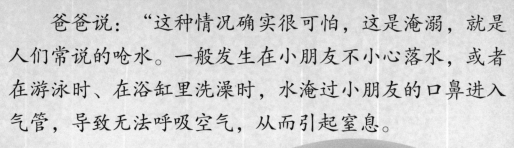

爸爸说："这种情况确实很可怕，这是淹溺，就是人们常说的呛水。一般发生在小朋友不小心落水，或者在游泳时、在浴缸里洗澡时，水淹过小朋友的口鼻进入气管，导致无法呼吸空气，从而引起窒息。

14

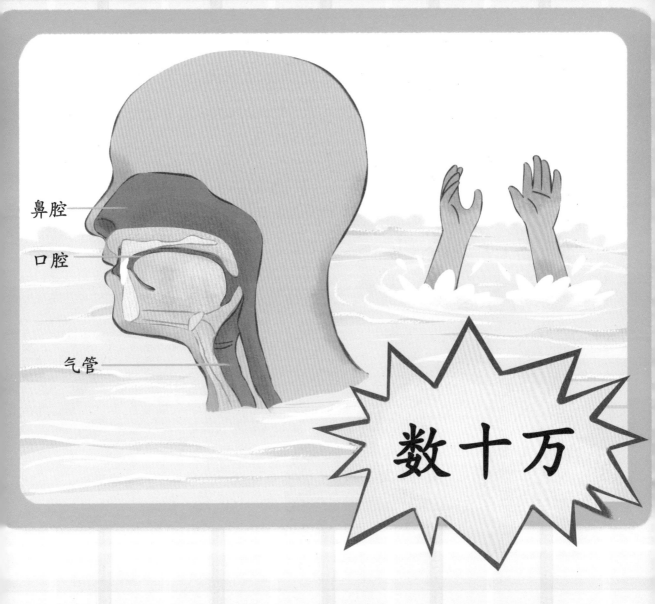

鼻腔

口腔

气管

数十万

　　在我国，淹溺是14岁以下儿童排名第一的致命性原因，全球每年有数十万小朋友因此而丧命，因此小朋友们一定要十分警惕哦。"

"那呛水之后都会跟今天落水小朋友的症状一样吗？"

"淹溺后可根据时间的长短出现不同的症状。

"淹溺 1~2 分钟：可能会出现呛咳、呕吐、心跳减慢、呼吸不均、神志不清等症状，严重的可能出现喉痉挛而窒息死亡。

淹溺1~2分钟

淹溺3～5分钟

"淹溺 3~5 分钟：可能出现昏迷、发绀、呼吸及心跳停止等严重表现。

"淹溺10分钟以上：心肺复苏超过30分钟还没恢复呼吸、心跳的，提示很难抢救成功。"

淹溺10分钟以上

19

"爸爸，你今天这么勇敢地救人，我真的很敬佩你，但是当看到有人溺水，而爸爸妈妈不在时，我应该怎么办呢？"

禁止游泳

爸爸摸着皮皮的头说："你回忆一下爸爸刚才救人的过程。

22

"当碰到有人溺水，我们要先判断环境是否安全，我们是不是有能力救助。如果没有，那就要大声呼救，等待别人来救援，同时请人拨打120急救电话。

"落水者被成功救助上岸后，首先我们应该检查落水者还有没有呼吸和心跳。

26

"如果落水者还有呼吸和心跳，我们应该撬开口腔，清除口腔里的水草、淤泥、呕吐物等，使头后仰，开放气道。

"如果发现落水者呼吸、心跳停止了，
要立即进行人工呼吸和胸外按压。

"开放气道，一只手放在落水者前额，另一只手放在下颌，使落水者头部后仰。同时清理落水者的口腔异物及呕吐物。

"**人工呼吸的方法：**捏紧小朋友的鼻孔，用自己的嘴巴完全包住小朋友的嘴巴，进行吹气。吹气后放松，重复一次，进行 2~5 次人工呼吸。胸外按压和人工呼吸交替进行。

胸外按压的方法： 8 岁以上儿童用双掌按压法，一只手掌根放在胸骨中下 1/3 交界处，另一只手掌根置于第一只手上，垂直向下用力按压，按压频率为 100~120 次 / 分钟，下压深度 1/3~1/2 胸廓厚度，按压 30 次。1~8 岁小儿用单掌按压法。

1~8岁

心肺复苏手势

按压位置

8岁以上

"当120救护车到达后，立即将落水者送入医院进行进一步抢救。"

爸爸接着对皮皮说："淹溺是威胁小朋友生命安全的第一大杀手，我们一定要防患于未然。"

谨记以下几点：

没有家长陪伴时，不能私自去玩水；

没有家长的允许，结伴游泳不可以；

泳池应有安全员，禁游标志要牢记；

癫痫幼儿要注意，水边高处不能玩！

不可以。

禁止游泳

"记住了，爸爸。有你这么优秀的爸爸，我真的很自豪！"

"记住了就好！来，击个掌！"

说完，两父子手对手击掌，开心地笑了。

今天对于皮皮来说是惊险的一天，见识到了溺水的危险性，但同时也提高了皮皮的警觉，让他解锁了新的急救技能。现在的皮皮脑子里只有一句话："玩水一定要当心！玩水一定要当心！玩水一定要当心！"

肚子里的小哨兵

欧阳过 / 主编　文爱珍 / 审定

黑龙江科学技术出版社
HEILONGJIANG SCIENCE AND TECHNOLOGY PRESS

天气很热，皮皮在室外运动出汗后，口好干，回到家就迫不及待地从冰箱拿出一瓶饮料，咕嘟咕嘟，一口气便喝完了。

　　"哎呀！太爽了，冰柠檬水怎么这么好喝，再吃一个冰激凌解解渴！"

皮皮喝的时候觉得很清凉，可是没过多久，就开始觉得肚子痛、恶心想吐。

皮皮很难受，只能去医院求助在急诊科当医生的爸爸。见到爸爸后，皮皮忍不住哭了出来："爸爸，我的肚子好痛，快帮我看看，我只不过是喝了冰柠檬水和吃了一个冰激凌，为什么我肚子会痛得这么厉害呢？"

"我们肚子里有很多痛觉感受器，它们就像哨兵，无时无刻不关注着我们的身体状况。当肚子里的脏器出现炎症，或者肠道、血管出现痉挛和阻塞时，这些哨兵就会马上发现，向我们的大脑发送求助信号，产生痛觉，让我们引起重视，同时也会引起一系列的防御反应，避免身体受到进一步损害。你呀，就是吃了生冷的东西才会肚子痛！"

09

10

求知欲很旺盛的皮皮接着问："爸爸，什么原因会引起肚子痛呢？"

　　"我的小小皮医生，你可要记住啦，引起小朋友肚子痛最常见的原因就是吃了不干净或者生冷的食物。

"当我们暴饮暴食，吃了很多不容易消化的食物，当我们受凉后病菌侵袭，当我们不小心吞了异物等，都会导致我们肚子里出现炎症、寄生虫、肠道的痉挛或阻塞，从而出现肚子疼的情况。"

13

"哎哟！可真疼！超人爸爸，快告诉我肚子疼时该怎么办呢。"

14

　　"引起肚子痛的原因有很多，我们要看情况而定，如果腹痛不是很剧烈，只是隐隐而痛，持续时间也不长，没有其他不舒服，这可能是消化不良或胃肠痉挛等功能性腹痛，我们可以在家先观察。同时采取三个好办法。

"**办法一**：可以喝适量温开水，用温热毛巾热敷肚子，这样做可以缓解胃肠痉挛。

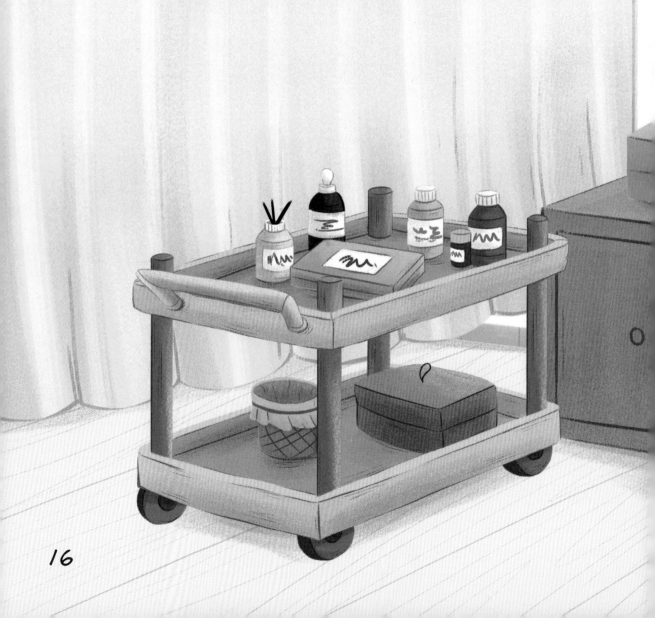

17

"**办法二**：试试给肚子按摩，把一只手掌贴在肚皮上，以顺时针方向按摩腹部，可以促进排气排便，缓解胃肠道痉挛。

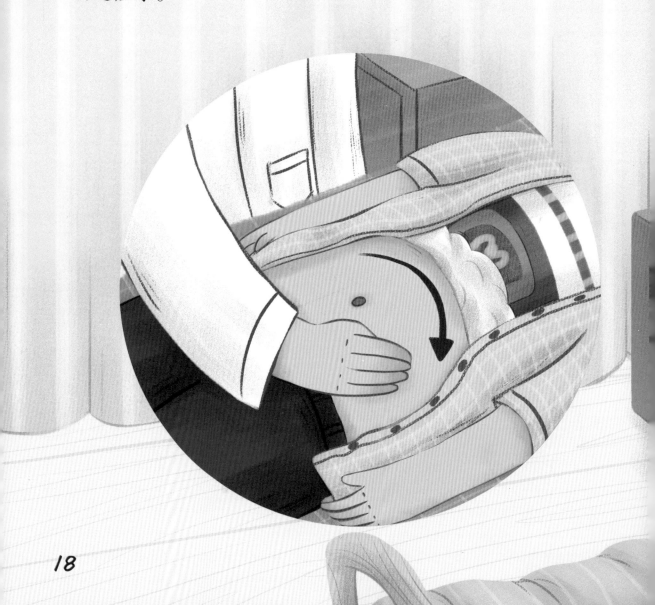

19

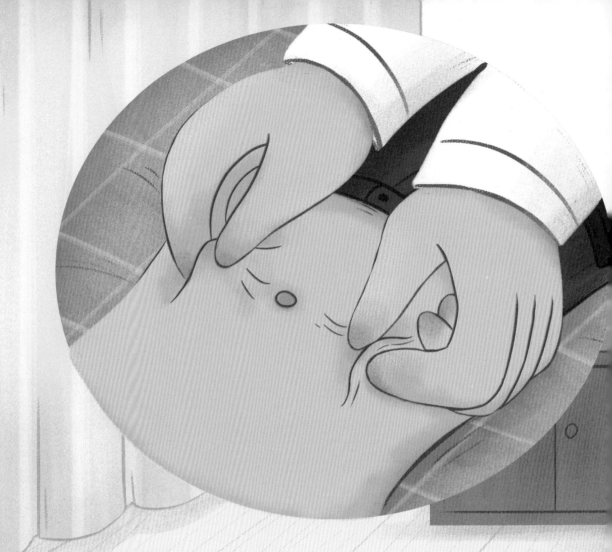

　　"**办法三**：试试拿肚角的方法，先把腿弯起来，使腹部放松，在肚脐旁2寸左右的地方，用拇指和食指拿捏住大筋，向上提拿，两边都可进行，每次提拿5下左右，可缓解腹痛。

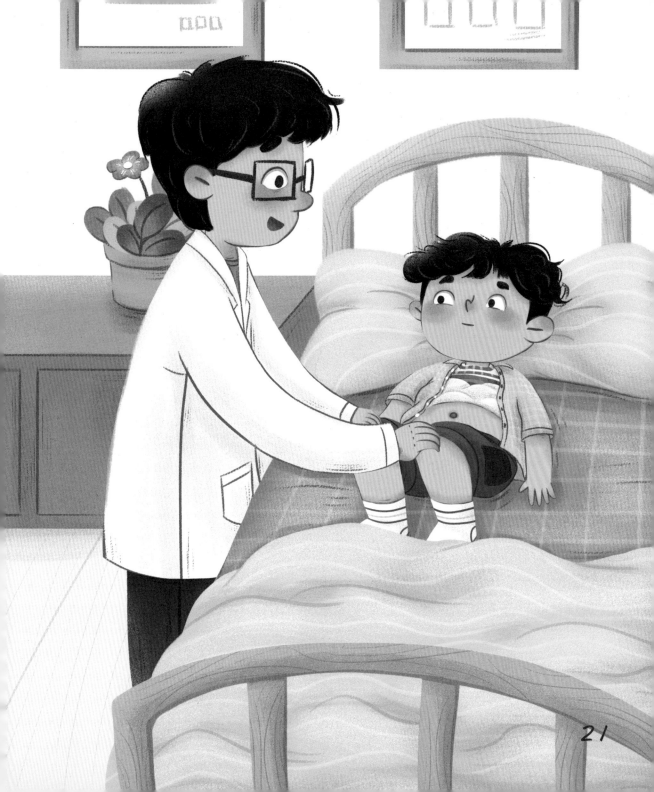

21

"如果情况较重，比如腹痛剧烈、拒按、呕吐、腹泻、精神差、大汗淋漓、呕血、黑便或腹痛反复发作、不缓解等情况，那应该及时去医院就诊，要排除腹腔脏器病变，如急性胃肠炎、胆囊炎、阑尾炎、肠梗阻、蛔虫病等。"

23

皮皮在爸爸的帮助下，肚子痛终于缓解了。皮皮接着问："爸爸，肚子痛实在是太难受了，有什么办法可以避免呢？"

"有句古话叫'病从口入'，肚子痛大多也是由不正当的饮食而引起的，所以要避免肚子痛发病，要做到以下几点：

"**第一点**，要注意个人卫生，做到勤洗手，特别是'饭前便后要洗手'，这样能防止病毒小怪兽钻进我们的身体里捣乱。

27

"**第二点**，要养成良好的饮食习惯，不要暴饮暴食，一次吃很多会导致我们的肠胃不消化，引起肚子胀痛。

29

30

"**第三点**，虽然天气炎热，但也不要贪食像冰激凌、冰饮料之类的生冷饮食。辛辣刺激的食物更是不能吃，这样会破坏我们的肠胃功能。

31

"**第四点**，要注意饮食卫生，不要进食变质的食物和过夜的菜。

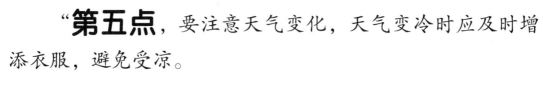

"**第五点**，要注意天气变化，天气变冷时应及时增添衣服，避免受凉。

"最后，要加强体育锻炼，增强体质。你知道吗？我们每个人的身体里面都住着一个小护士，我们把它叫作抵抗力，当我们抵抗力强了，病毒小怪兽就不能侵犯我们的身体啦。所以呀，记住我说的以上五个要点，你就不会经常肚子痛了。"

1+2=3
4+3=7

经历过这一次令人难忘的肚子痛，皮皮下定决心以后再也不吃那么多冷饮了。并且皮皮用心记住了爸爸说的要点，还把爸爸说的这五个要点告诉了自己的同学。

今天皮皮虽然肚子很难受，但是他还是很有成就感，因为他解锁了第三项新技能——正确处理肚子痛。

舞动的开水瓶

欧阳过 / 主编　文爱珍 / 审定

黑龙江科学技术出版社
HEILONGJIANG SCIENCE AND TECHNOLOGY PRESS

"哇呜哇呜……"

这天，急诊室里来了一位不停哭闹的小朋友，很可怜。皮皮爸爸急忙上前查看，原来是被烫伤了。

　　小朋友身上、脸上起了很多大水疱，有的地方皮肤还在不停地流着血水。

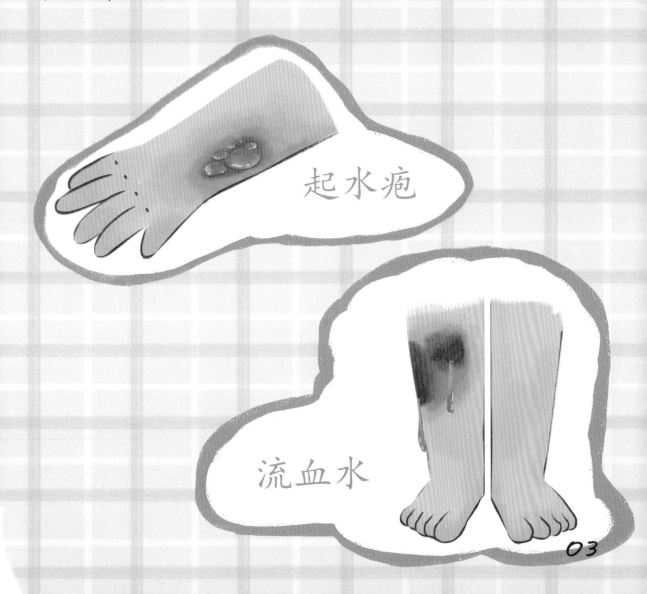

起水疱

流血水

"医生，请快看看我的孩子乐乐，他不小心碰翻了开水瓶，导致开水瓶炸裂，开水溅到了手臂上、腿上和脸上，我们一时也慌了神，不知所措，等到起了水疱，才想起要把衣物脱下，结果又把水疱和皮肤弄破了，加重了损伤。"

05

欧阳医生给乐乐做了创面处理和注射了破伤风抗毒血清，由于乐乐被评估为重度烧烫伤，需要住院进一步治疗。

皮皮见状又心疼又害怕地说道："爸爸，他看上去好疼、好可怜哪，这是什么情况呢？"

爸爸说："这是烧烫伤。烧烫伤是接触热液、蒸气、热固体、火焰、电等引起的人体组织损伤，是小朋友最常见的创伤之一。

"症状轻的，只是皮肤疼痛、发红或者起些小水疱。
症状严重的，可能会导致大面积或深度烧烫伤。

于烧烫伤

10

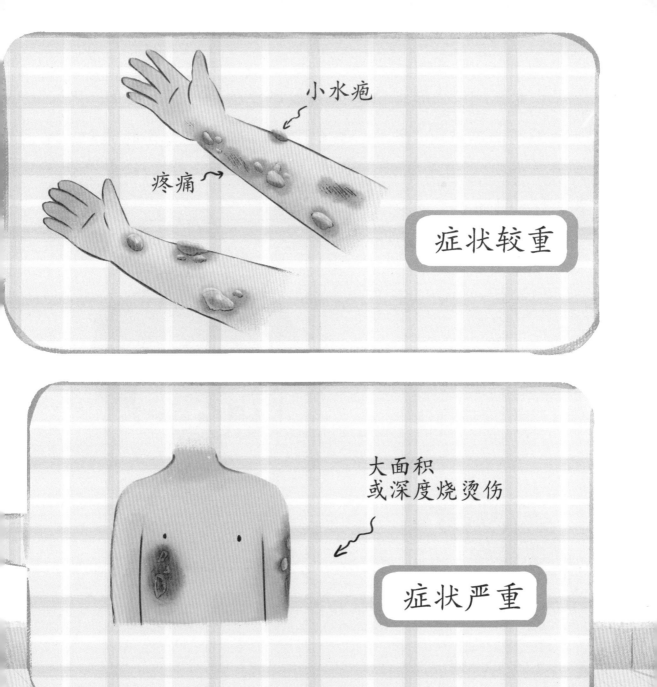

皮皮又问："那我们怎么判断烧烫伤的严重程度呢？"

爸爸回答道："首先，我们要估算一下烧烫伤的面积。最简单的就是用手掌法，病人一个手掌的大小，相当于体表面积的 1%。

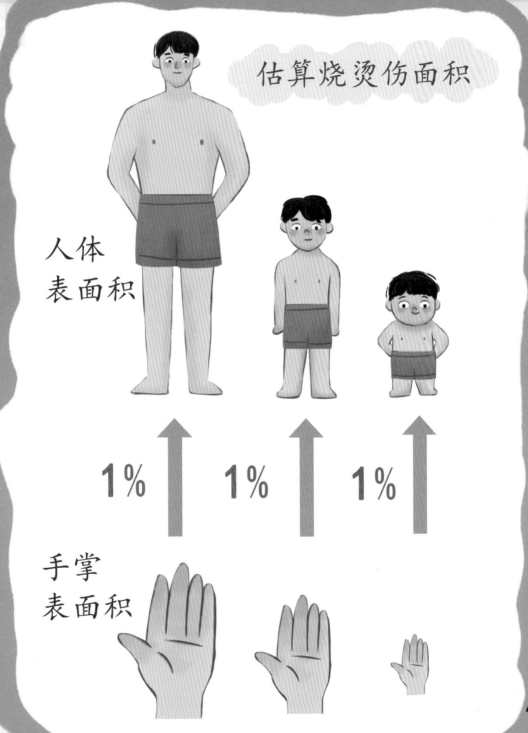

估算烧烫伤面积

人体
表面积

手掌
表面积

1%　1%　1%

13

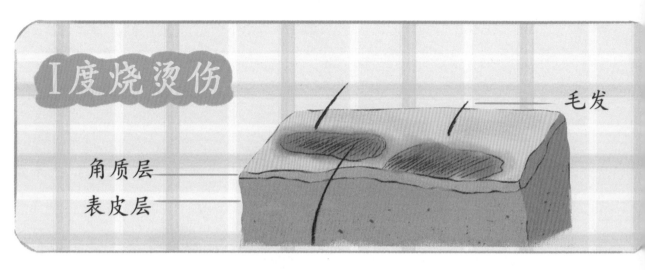

Ⅰ度烧烫伤

毛发

角质层

表皮层

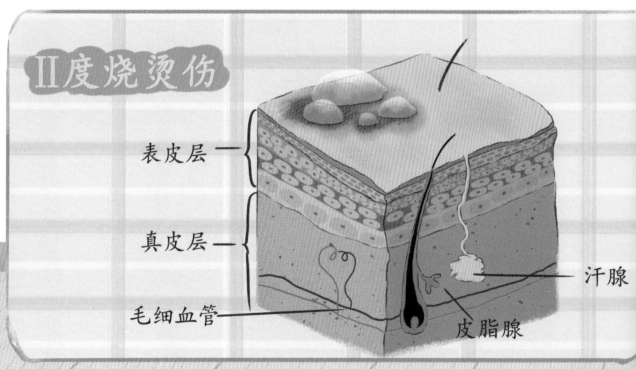

Ⅱ度烧烫伤

表皮层

真皮层

汗腺

毛细血管

皮脂腺

"然后要评估烧烫伤的深度。Ⅰ度烧烫伤，只是伤到皮肤浅表层，表现为皮肤红斑；Ⅱ度烧烫伤，伤到了皮肤真皮层，表现为皮肤水疱。

15

Ⅲ度烧烫伤

肌肉　骨头

16

"Ⅲ度烧烫伤，甚至达到了皮下、肌肉、骨头，可以表现为焦痂。

"最后，我们根据烧伤面积、深度和并发症判断病情轻重。"

"烧烫伤听着都觉得可怕，那要是碰到烧烫伤，我们该怎么处理呢？"

面对皮皮的问题，爸爸耐心地回答说："首先，要赶快脱离热源，如果身上衣物起火了，也要快速熄灭。

19

20

　　"其次，找到就近的水龙头，用流动的冷水冲洗烧烫伤的部位 30 分钟左右。接着，轻轻地把衣服脱下，最好用剪刀将衣物剪开后脱下，注意不要弄破水疱和皮肤，以免加重损伤。

"然后，用干净的衣物、床单或纱布盖住受伤部位。

"最后，立即送到就近的医院让医生评估烧烫伤的轻重，做专业处理。如果是Ⅰ度烧烫伤，不用做其他特殊处理，也可很快康复。但如果是Ⅱ度以上烧烫伤，那就要消毒、抗感染，甚至住院治疗了。"

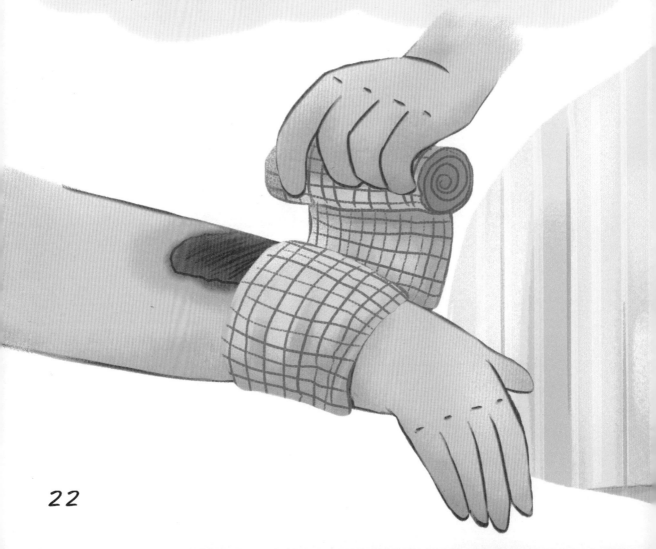

烧烫伤注意事项

23

皮皮说："爸爸，烧烫伤太可怕了，你快快告诉我预防的办法吧，我可不要被烧烫伤。"

24

"好奇和好动是小朋友的天性，而且小朋友不能很好地判断危险，所以容易引起烧烫伤。

"小小皮医生，接下来我说的几点你可要竖起耳朵好好听啊！

"**第一**，小朋友尽量不要接触热源，比如开水瓶、电饭锅、打火机、火炉、热水器、电插座等，家长也应该尽量把这些热源放到小朋友不能触碰到的地方。

26

"**第二**，家长应该从小教
育小朋友不要玩火，要玩的话也
要在大人的监督下玩。

"**第三**，吃饭时，不要嬉戏打闹，以免被饭汤菜烫伤。

"**第四**，在使用电器或火炉时，家长要监督指导，正确使用。

33

"同时，在处理烧烫伤时，民间有很多'土方法'，有些是错误的，可一定要避免。

"**土方法一**：烧烫伤后，涂抹牙膏、食醋、酱油。这是错误的，对烧烫伤无益，且容易引起感染。

不可以。

"**土方法二**：水疱及皮肤破裂出血渗水后，撒上香灰等。这是错误的，虽然有一定的止血作用，但这样容易引起感染，加大医生清理创口的难度，加重损伤。

38

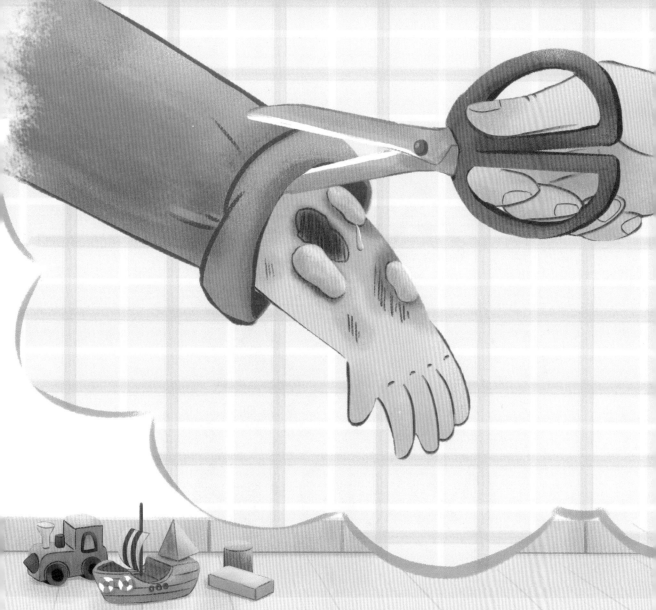

"**土方法三**：暴力脱扯衣物。烧烫伤后，伤口和衣物容易粘连，如果暴力脱扯，可能会引起水疱和皮肤组织损伤。可以用剪刀剪开衣物，先保留粘连部分，后续让专业医生处理。"

虽然乐乐的情况让皮皮感到很后怕，但是今天的实习让皮皮收获了关于烧烫伤的急救常识，他觉得很有成就感，因为他解锁了第四项新技能——正确处理烧烫伤。

被卡住的小超人

欧阳过 / 主编　　文爱珍 / 审定

黑龙江科学技术出版社
HEILONGJIANG SCIENCE AND TECHNOLOGY PRESS

02

"救命！救命！医生快救救我的孩子小雨，喉咙里卡到东西了！"

今天是皮皮在爸爸的急诊室实习的第二天，只见急诊室里送来一位小朋友，吞咽困难，时不时地呛咳，呼吸困难，情况看起来非常严重！

"哎呀妈呀！太可怕了！"皮皮嘴里嘟囔着，看到这个情况被吓出一身冷汗！

"快，快告诉我小朋友吃了什么。"欧阳医生说道。

"可……可能是小玩具，刚刚小雨一个人在玩玩具，我上了个洗手间出来之后就看见他呼吸困难、说不出话来，小玩具也不见了，可把我急坏了！"小雨爸爸回答道。

04

听了小雨爸爸的描述，欧阳医生初步判断并说道："这是咽部异物，需要紧急取出。"

皮皮看到小雨的状况吓得小手都在发抖，一脸疑惑地问爸爸："爸爸，什么是咽部异物呀？他看上去很难受哇！"

皮皮爸爸说："咽部就是我们喉咙里面像一个漏斗的通道，它连着口腔和鼻腔，是呼吸道和消化道的共同通道，负责着空气和食物最开始的运输。当小玩具、鱼刺、鸡骨等异物卡在咽部时，就叫咽部异物，是危及儿童生命的一大杀手。"

咽部

1+2=3
5+1=?

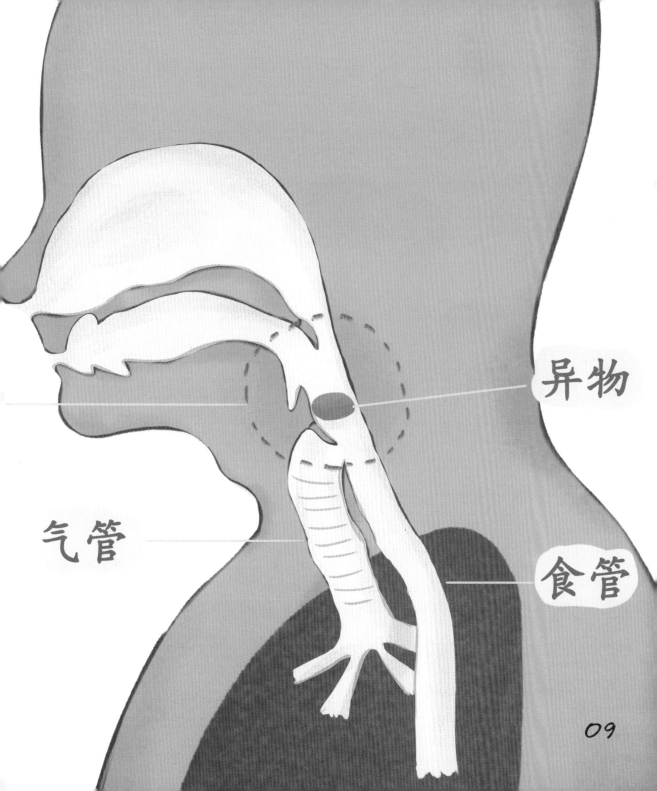

异物

气管

食管

09

欧阳医生在给小雨检查时，果然发现一个玩具小人儿嵌在了小朋友的喉咽部，由于反复的吞咽动作，玩具小人儿已经嵌入很深，导致喉咽部黏膜损伤，红肿出血，情况相当紧急。

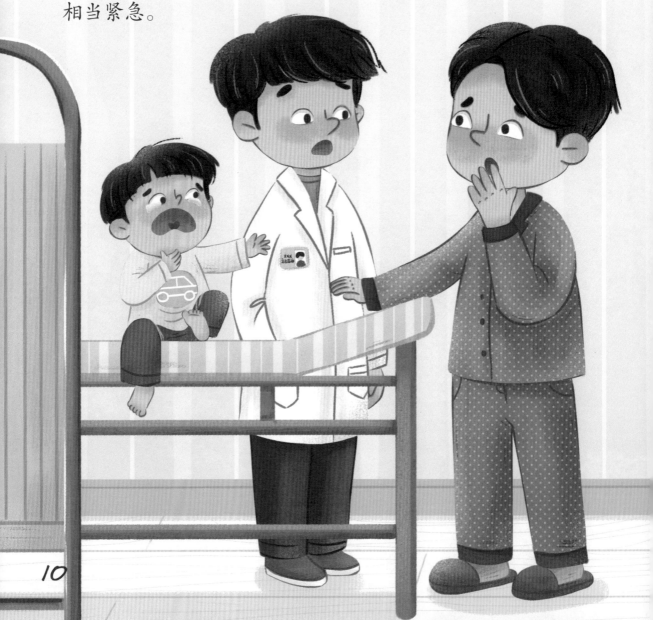

11

这时，欧阳医生小心翼翼地用镊子将玩具取出，是个小小的超人模型。原来小雨希望自己能像超人一样拥有超能力，他以为把超人吃进肚子里就能飞起来，结果就放进嘴里试图吞咽，没想到卡在喉咙里了。

13

在欧阳医生的细心处理下，小雨的症状也马上得到了缓解，但由于小雨的喉咽部损伤较重，需要继续留院观察几天。

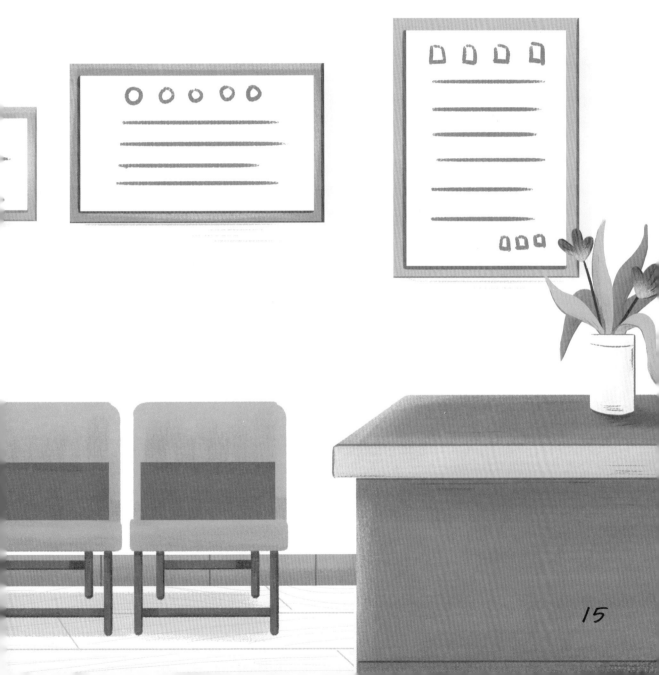

住院部➡

15

见到爸爸缓了一口气，皮皮接着问道："什么情况下会引起咽部异物呢？"

爸爸说："引起咽部异物的原因有很多，最常见的是小朋友进食的时候不小心或进食时说话，导致鱼刺、鸡骨、果核等误吞卡在咽部。还有一种情况是小朋友嬉戏玩耍时，误吞小玩具、硬币等；另外在睡眠、昏迷时发生误吞也有可能引起咽部异物。"

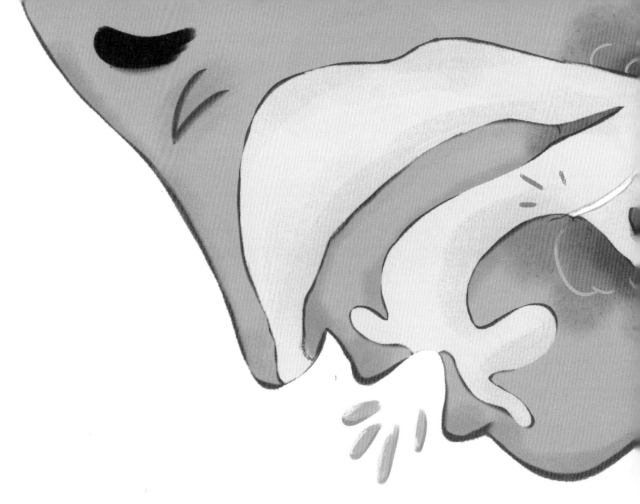

"那咽部异物后果应该很严重吧？"皮皮皱着眉头继续追问。

"当吞入异物时，如果物体比较小，通常会不自主地吞咽，吞入胃里，或引起咳嗽将异物咳出。当鱼刺、鸡骨、果核、玩具等异物卡在咽部时，会引起咽部异物感或疼痛，甚至吞咽困难，有时会引起呛咳，甚至呼吸困难，严重时会引起窒息。当咽部异物停留时间过长，可能引起化脓感染。所以，你觉得严重吗？"

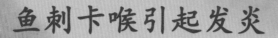

鱼刺卡喉引起发炎

吞咽后进入食管

气管

"嗯嗯，确实很严重，既然这么可怕，那吞入异物时我们该怎么办呢？亲爱的老爸，快快快，请快教教我吧！"

"首先，当小朋友吞入异物，卡在咽部时，小朋友可能会不由自主地咳嗽，这时我们可以鼓励小朋友用力咳嗽，将异物咳出来。

20

　　"然后，我们也可以帮助小朋友拍背，以便于异物咳出。小朋友趴在我们的大腿上，我们用手掌一下一下地拍背。

　　"如果小朋友咽部异物还没排出，我们通过观察能看到咽部异物，也可用干净镊子小心夹出。如果异物位置较深，或小朋友情况紧急，应及时送往医院处理。

急诊室

　　"我的小小皮医生，咽部卡异物时虽然非常危险，但是当碰到时记得千万不要慌张，一定要避免这些误区，误区也就是民间常见常用的错误做法，接下来我说的话请用心记住哟。"

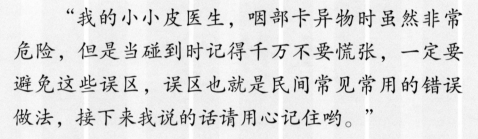

　　"嗯嗯，我一定记得住，快说吧，我的超级大英雄！"

24

"**误区一**：卡鱼刺、骨头、玩具等异物时用米饭或青菜强行吞咽，这种做法是错误的。这可能会导致异物穿入深层组织，引起食管破裂、大出血等危险情况。

"**误区二**：卡鱼刺、骨头时喝白醋也是错误的做法。醋并不能很快软化鱼刺、骨头，反而容易损伤咽喉食管黏膜，加重损伤，另外也可能刺激胃黏膜，引起胃痛。

29

"**误区三**：用手强行掏取咽部异物也是错误的做法。因为用手强行取出时，容易划伤黏膜，引起出血或感染等并发症。

"重点是平常一定要避免咽喉卡异物！

"首先小朋友要纠正口腔含物品的不良习惯，家长也要加强监管，不给小朋友玩容易吞食的玩具。

"小朋友平常要养成良好的进食习惯，吃饭时不能说话、嬉戏，要细嚼慢咽，吐出骨头。家长也应该尽量准备含刺和骨头少的食物。

"小朋友尽量不吃表面光滑或带核的食物，如果冻、梅子、枣子、口香糖等，这些食物都容易导致异物卡喉的发生。

"怎么样？皮医生，今天又掌握了一项新本领，开心吗？"

"开心，实在是太开心了！"

对于皮皮来说，今天又是成就感满满的一天，皮皮解锁了第二项新技能——正确处理咽部异物。